PROTAT FRÈRES
IMPRIMEURS A MACON

Prix : 1 fr. 50

PHOTOGRAVURE REYMOND

HORAIRE DES TRAINS

DE TULLE A GIMEL

matin
Départ **6.21**; arrivée à Gimel........... 6. 50
    9.2 » » 9. 28
soir
    1. 54 » » 2. 20
    7. 50 » ». 8. 24

DE GIMEL A TULLE

matin
Départ **8.31**; arrivée à Tulle.......... 9.
    11. 10 » » 11.38
soir
    5. 7 » » 5. 33
    9. 29 » » 9. 57

Gimel

Ensemble des premières cascades par un jour d'hiver.

Gaston Vuillier

Gimel

Cascades. — Gorges. — Étangs.
Impressions du présent. — Légendes du passé.

13 Illustrations

EN VENTE
A GIMEL AU PAVILLON DES EAUX-VIVES
ET CHEZ LES PRINCIPAUX LIBRAIRES
1903

L'arrivée à Gimel. — Le « Saut » ou Grande Cascade. — Les victimes du torrent.

Lorsque, au hasard d'un voyage, je connus Gimel[1], voici déjà bien des années, les visiteurs attirés par ses célèbres cascades et ses beaux paysages étaient assez rares. De loin en loin apparaissait un voyageur de commerce que ses affaires avaient appelé à Tulle et auquel on avait vanté ce site des environs. En été, des employés de la manufacture d'armes, alors prospère, se plaisaient, de temps à autre, à passer la journée du dimanche dans les gorges de Gimel. C'était tout.

Le village, très pauvre, venait d'être doté de la station du chemin de fer qui porte son nom, mais comme son intérêt, en tant que pittoresque, était à peu près ignoré, on ne s'y arrêtait guère. L'ab-

1. Du radical celtique « gimm », cataracte, chute d'eau (O. Lacombe).

sence de tout confort n'était pas fait non plus
pour attirer les touristes qui, d'ailleurs, n'étaient
pas légion comme aujourd'hui.

Le chemin, d'un parcours de 1.600 mètres à
peine, qui relie la station au village, ne s'est pas
modifié depuis cette époque, il est toujours peu
praticable pour les voitures mais charmant sous
ses ombrages de chênes et de châtaigniers, sa
bordure de prés et les mamelons couverts de
bruyères roses qui l'accompagnent en été.

A l'arrivée par ce chemin, l'aspect de Gimel est
séduisant. Le bourg se montre tout à coup à un
tournant, blotti dans les feuilles, couronné par les
ruines d'un vieux château. On le dirait enserré
entre les hauteurs aux pentes verdoyantes qui le
dominent, car on ne peut soupçonner que le torrent, courant joyeusement sous les aulnes, va se
précipiter d'un coup dans un abîme. Il semble
que les maisons rêvent, bienheureuses, dans ce
cadre tranquille et pastoral, tandis qu'en réalité le
bourg est juché sur une crête abrupte en corniche
sur des précipices, avec de larges horizons ouverts
devant lui vers l'occident.

Par la route des voitures l'apparition du bourg
est tout à fait impressionnante. Le tableau est
complet, on embrasse d'un coup d'œil le village
et la sombre gorge de la Montane, ou Gimelle,
illuminée par les blanches crinières des cascades.

L'hiver surtout, lorsque les arbres sont complètement dépouillés, le paysage est d'une âpre et saisissante grandeur.

Le chemin de la station et la route qui vient de Tulle par les villages de l'Habitarelle et de Mars, voies de communication qu'un sentier transversal dans un bois va relier bientôt l'une à l'autre, aboutissent au même point à l'entrée de Gimel.

Pour se rendre aux cascades le visiteur, après avoir traversé le village dans toute sa longueur, arrivera, après avoir quitté les dernières maisons, dans un défilé aux parois sauvages, et se trouvera sur le pont qui franchit le torrent, tout juste au-dessus de la grande chute.

Là il devra s'arrêter un instant et s'accouder à ce petit pont, si pittoresque avec ses guirlandes de lierre. A ses pieds les eaux, après avoir glissé sous l'arche et s'être repliées d'abord en gracieuses volutes, s'écrouleront tout à coup, hurlantes et comme épouvantées, dans un abîme subitement ouvert devant elles.

Entre les parois des rochers, dans le sombre couloir de granit, les eaux fumantes tourbillonnent, rejaillissent en gerbes brillantes ou s'éparpillent en pluie de perles.

Les rayons du soleil allument souvent un arcen-ciel à travers l'embrun, diadème idéal d'un tumultueux et éblouissant enfer.

L'aubépine avance, au-dessus du gouffre, ses branches chargées, à l'automne, de grappes de corail. La baie noire du sureau, l'olive pourpre de l'églantier s'égrènent sur les roches, dans les mousses, parmi les fougères dentelées et les herbes sans cesse reverdies par une éternelle rosée.

Au premier printemps, d'innombrables jonquilles en fleur dorent les flancs violâtres des rochers.

Par l'orage et aux jours d'hiver les eaux rugissent autour du rocher qui supporte Gimel. Il semble alors qu'un fracas de tempêtes lointaines retentit dans le village.

Souvent des animaux domestiques qui s'étaient aventurés jusqu'au bord des cascades, où l'herbe constamment rafraîchie par l'embrun, est plus savoureuse, glissèrent jusqu'au fond de la gorge. Une génisse qu'un faux pas avait entraînée au-dessus du gouffre de la « Redole », la seconde cascade, embarrassa ses cornes dans un réseau d'arbustes et demeura longtemps suspendue au-dessus de l'abîme. On entendait de loin ses beuglements d'effroi, mais rien ne pouvait être tenté pour la sauver. Peu à peu les branches cédèrent sous le poids et la malheureuse bête s'abîma au fond du gouffre. D'innombrables animaux ont péri dans les cascades. Il serait oiseux d'insister.

Des enfants même y furent victimes de leur imprudence. Nous signalerons quelques cas.

Au long de la « Queue de cheval », la troisième cascade, longeant le gouffre, une muraille rocheuse d'une grande hauteur s'élève. Deux enfants s'y étaient aventurés un jour pour cueillir des fleurs de jonquilles. L'un d'eux, plus maladroit, plus impru-

Au pied de la grande cascade.

dent peut-être, glissa et fut précipité dans le torrent. Les eaux étaient fortes, il dut la vie à cette circonstance, car il fut immédiatement rejeté sur le bord où il eut la présence d'esprit de s'accrocher. On le retrouva tout ensanglanté, grièvement blessé. Mais sa guérison fut complète, c'est aujourd'hui un homme robuste.

On se souvient d'une pauvre folle qui, égarée dans la nuit noire, quitta le chemin et roula dans la grande cascade auprès du rocher qui supporte une blanche statue de la Vierge. Toutes les recherches pour la retrouver avaient été infructueuses lorsque, six mois après, le hasard me fit deviner son cadavre confondu avec les racines d'un aulne à deux kilomètres au-dessous de la chute, par-delà le promontoire de Braguse.

En ces dernières années, un musicien d'un régiment en garnison à Tulle disparut, on ne sait comment, au pont de la grande cascade, emporté par le tourbillon des eaux écumantes. Toutes les recherches pour le retrouver avaient été vaines, lorsqu'on l'aperçut au-dessous du promontoire de Braguse, dépouillé de ses vêtements par les eaux furieuses et les aspérités des rochers auxquels il s'était heurté.

Nous recommanderons donc la plus grande prudence aux visiteurs. Ils devront se borner à suivre les sentiers qui assurent, en toute sécurité, une promenade agréable et facile, favorisent la vue des plus belles perspectives et la contemplation des trois cascades et de la gorge sauvage de l'*Inferno*.

Le « Saut » ou Grande Cascade.

Le Pavillon des « Eaux-Vives ». — Arcs-en-ciel et en brins. — L'« Inferno ». — La « Gouttalière » ou « Queue de cheval ». — La « Redole ».

A quelques pas du pont, sur la droite du chemin, est l'entrée des cascades où un garde se tient à la disposition des visiteurs. On descendra, à travers un petit bois, dans un sentier en lacets, à pente très douce, et bientôt on apercevra la grande cascade qui bondit à travers un sombre couloir, divisée en trois chutes. Continuant à suivre ce sentier qui longe la cascade en ménageant des vues saisissantes, le visiteur pourra, en arrivant au *Pavillon des Eaux-Vives*, obliquer sur la droite et aboutir au bas de la première chute. Le spectacle mérite d'être contemplé.

Du Pavillon des Eaux-Vives, que le sentier contourne sur la gauche, on atteint, en deux lacets, le belvédère de l'*Inferno*, ou de l'Enfer. Au pied de la roche sur laquelle il s'avance, dans une profonde cuve de granit, la troisième cascade, la « Queue de cheval », glisse en s'étalant, au long d'une paroi lisse. La blanche et chatoyante écume va s'éteindre dans un gouffre profond et obscur.

Après les éblouissantes apothéoses dans la lumière irisée d'arcs-en-ciel, les effondrements en des abîmes, le torrent disparaît dans les noirceurs de l'*Inferno*.

C'est bien l'Enfer par les jours sombres, *le lieu terrible et pierreux* qui, aux yeux d'un ancien seigneur de Bar, caractérisait le pays de Gimel.

De toutes parts, les pentes qui accompagnent les sinuosités de ce sombre défilé se hérissent de roches violâtres, livides, tigrées de lichens couleur de soufre. Çà et là s'ouvrent des précipices latéraux, encombrés de blocs de rochers où des châtaigniers noueux dévalent.

Un promontoire de pierre, long et âpre, se dresse, comme une muraille, en travers du défilé ; à sa cime s'élève un campanile en ruines recouvert d'une épaisse toison de lierre ; à côté, sur la paroi abrupte, s'ouvre une étroite caverne. C'est là que vécut et mourut saint Dumine, guerrier du temps de Clovis, qui renonça à l'épée pour endosser le cilice des pénitents. Nous raconterons plus loin cette existence que la tradition entoura de merveilleux.

Partout, dans la gorge, l'embrun lustre les feuilles, voile la roche, les arbres, les mousses, les gazons. Chaque soir le soleil allume des feux aveuglants dans l'écume, éveille des arcs-en-ciel fugaces, fait scintiller comme des pierreries les parois humides des rochers. Et les falaises qui longent les cascades, si belles en leurs grands entonnoirs de granit et de feuillée, prennent l'apparence du porphyre. Des sedums, des bruyères,

des orchidées se penchent, tremblants, sur les
eaux tumultueuses qui, après de chaotiques bouil-
lonnements, cerclent les goulfres de remous écu-
meux et, avant de reprendre leur course, se balancent un instant, alourdies, au pied des rochers.

*
* *

Quittons le belvédère de l'*Inferno* et reprenons
le sentier qui descend, en lacets, au torrent. Là
nous trouverons une passerelle rustique qui nous
permettra de gagner l'autre rive et nous serons en
face de la cascade intermédiaire la « Redole ».

Ici la chute est gracieuse, elle s'infléchit et
roule, d'où son nom de Redole en patois Limousin,
d'abord le long d'une paroi, en un couloir vertical,
pour s'étaler en éventail à la base.

Mais si la blanche gerbe s'incurve avec grâce,
le paysage qui l'encadre est du plus tragique carac-
tère. Il est formé par un vaste entonnoir de
falaises abruptes ou quelques arbres frissonnants
et comme effarés sont accrochés aux fissures du
roc et se balancent sur le gouffre écumant.

De l'extrémité de la passerelle, à travers les
sureaux, les frênes et les aulnes, on peut suivre
des yeux le cours du torrent jusqu'à l'endroit où
les eaux tombent dans une grande cuve en for-
mant la « Queue de cheval ». Par-delà, c'est l'Inferno, la grande falaise sombre dominée par des
rochers semblables à des pans de murailles en

ruines, ce qui leur a valu leur nom de « Château-
brun ». Plus loin, enfin, c'est le promontoire de
Braguse et le clocheton de la chapelle festonnée
de lierre où reposa le corps de saint Dumine.

L'endroit est délicieux de fraîcheur. On s'y
repose au murmure berceur de la cascade toute
voisine, dont les eaux viennent bondir à travers
les rochers sous la passerelle légère. Mais lorsque
les pluies d'orage ont grossi le torrent, tout ce
fond de gorge est voilé par l'embrun, et la scène,
si douce en temps ordinaire, devient chaotique et
sauvage. On est au milieu d'une tempête, dans le
fracas assourdissant des eaux. On dirait que les
rochers détachés des falaises roulent dans le lit
tumultueux du torrent en fureur.

Le Musée naturel de la France. — Gimel, autrefois menacé, rendu aux touristes.

Dans cette courte promenade le visiteur, sous
le charme, se sera rendu compte de l'acte barbare
que certains industriels avaient rêvé d'accomplir
en détruisant ces magnifiques cascades, les plus
séduisantes de l'Europe peut-être, si l'on consi-
dère la beauté du cadre dans lequel elles s'agitent.

Il était temps d'aviser pour la sauvegarde des
sites de notre France, d'inviter les pouvoirs publics
à une intervention énergique. Nous assistons en

effet à un spectacle des plus incohérents : nous allons en foule, et à grands frais, visiter à l'étranger des sites remarquables, tandis que nous les laissons détruire dans notre propre pays !

« Nos Musées, disait M. Charles Beauquier, dans l'exposé des motifs d'un projet de loi soumis à la Chambre, sont d'un entretien extrêmement coûteux ; nous tenons à y réunir les œuvres des plus grands maîtres, pour la jouissance et l'éducation artistique de tous ; et nous laissons commettre des actes de vandalisme dans nos « Musées naturels », dans cette splendide collection de sites pittoresques que renferme la France ! Étrange contradiction ! L'État veillera avec un soin religieux sur un tableau de maître qui représentera un paysage, et il en laissera détruire, sans s'émouvoir, le magnifique et irréparable original !

« Nous connaissons en Franche-Comté, disait encore M. Beauquier, une glacière naturelle. Son orifice immense laisse apercevoir, à l'extrémité d'un terrain en pente rapide, une vaste grotte dont d'énormes colonnes de glace semblent soutenir la voûte. Jadis, on accédait à cette caverne étrange par un sentier à travers la forêt. Aujourd'hui, devant l'entrée même de la glacière, les arbres sont coupés, et sur le sol nivelé on a bâti une auberge. Ce ne serait encore rien ; mais la commune, propriétaire du bois, a voulu exploiter la glace naturelle, d'autant plus abondante que les étés sont plus chauds ; et pour qu'on ne vienne pas lui dérober son bien, elle a clos l'entrée de la caverne par une horrible palissade de traverses de chemin de fer. »

Le même sort attend toutes les sources et les moindres cascades. L'ingénieur les guette : elles sont de l'électricité pour lui, et une électricité souvent à bon compte.

M. Beauquier ne voudrait pas qu'on le crût un ennemi des usines et des fabriques, mais il estime qu'il y a place pour tous au soleil. Il faut des fabricants, des constructeurs, des entrepreneurs à notre pays ; mais ne gardera-t-il pas ses poètes, ses artistes, et tout le monde ne devient-il pas touriste aujourd'hui ?

En Angleterre, une société eut les mêmes soucis que M. Beauquier et ses collègues. En Allemagne, le Landtag prussien a retenti des mêmes plaintes. En Belgique, le gouvernement a pris des mesures générales. Les États-Unis même n'ont pas voulu rester en arrière. Ne parlons pas de la Suisse, qui vit presque exclusivement de ses beautés naturelles. Plusieurs de nos départements en pourraient vivre aussi ; et c'est ainsi que l'intérêt trouve son compte où l'on ne croirait trouver que le plaisir des yeux.

En portant une main violente sur les splendeurs

La Grande Cascade au clair de lune.

de la Nature, l'industrie moderne touche au patrimoine de rêves qui, depuis l'antiquité, a embelli la vie des Latins. Ces rêves, ces mythes, ces cultes charmants, ces fictions gracieuses ou tragiques, nées d'un rayon de soleil ou d'un rayon de lune, d'une goutte de rosée, du pleur éternel de la source, furent les inspirateurs des plus grands poètes de l'antiquité.

L'Industrie, ignorant la beauté suprême, n'a su voir, dans les blanches nymphées, que des forces transmissibles dont on devait s'emparer.

Combien se sont déjà enfuies à tout jamais de ces nymphes aux ruisselantes tuniques, auréolées d'arcs-en-ciel et de perles, dont la fraîche cantilène domina de tous temps les harmonies des vallons!... Il eût été souvent facile de les épargner.

Il faudrait donc se résigner, renoncer aux heures songeuses devant le cristal murmurant du ruisseau, à la poésie sereine et consolatrice ! Le charme mystérieux des fontaines, toutes les choses belles et pures dont la contemplation console de la vie, aussi nécessaires à l'âme humaine qu'un aliment est nécessaire au corps, ne pourraient donc trouver grâce devant de froids calculs d'intérêt.

Mais des penseurs, des poètes et des artistes, noblement secondés par des hommes politiques, se sont élevés contre l'aveuglement actuel, ils se sont associés et ont uni leurs efforts pour sauvegarder ce qui nous reste en France de beautés naturelles.

Voici plusieurs années déjà, longtemps avant le généreux émoi qui vient de se manifester, nous faisions nous-même un appel pressant au Club Alpin, à la Société de Géographie, à la Société des Artistes Français, pour sauver d'une destruction imminente les cascades de Gimel, merveilles de la France centrale.

Partout on répondit avec empressement à notre appel. La presse de province elle-même nous seconda vaillamment, et enfin, grâce aux persévérants efforts et au dévouement de M. Charles Durier et de mon vieil ami Schrader, président actuel du Club Alpin, le projet qui tendait à faire consacrer un acte de vandalisme fut arrêté en haut lieu au moment où il allait recevoir une consécration officielle.

Gimel nous touchait de près, nous aimions sa beauté sauvage, son charme si pénétrant, et nos études artistiques nous rappelant fréquemment dans la région, il nous était facile de surveiller les projets dévastateurs.

Maintenant Gimel nous intéresse davantage encore et, après une intervention plus directe, les belles chutes sont préservées.

*L'avenir. — Le passé. — Le vieux château. —
Légendes.*

Gimel est incomparable avec ses trois bonds
écumants, sa gorge infernale, ses horizons, ses
bois, ses étangs dont les uns sommeillent sous les
pins, d'autres sous les chênes, tandis que d'autres
s'étalent comme des miroirs au milieu des bruyères.
Rien ne manque à son aspect romantique, il a tout,
jusqu'à la sombre ruine d'un vieux château et un
campanile solitaire dans la gorge affreuse, évo-
quant les plus moyen-âgeux souvenirs. Et ces
beautés si variées, ces aspects si différents, si tragiques ou si doux, sont groupés autour du village.

Son avenir, au point de vue tourisme, est assuré
par les facilités de l'accès, sa proximité des grandes
voies ferrées, de villes importantes, de stations ther-
males, telles le Mont Dore, la Bourboule et Royat.

Le bourg a conservé un peu de sa couleur pri-
mitive. S'il se modifie c'est tout à l'avantage du
voyageur. Les mœurs y sont originales encore,
mais les plus bizarres superstitions qui s'y étaient
conservées disparaissent maintenant. Le type
y garde encore l'âpreté caractéristique des races
du granit.

Douze kilomètres à peine séparent Gimel de Tulle.

chef-lieu du département. Des routes en projet, ou en voie d'exécution, réduiront encore le parcours, et, en permettant aux voitures de traverser de belles forêts, doubleront le charme de la promenade. Déjà, grâce à un généreux subside du Touring-Club, les automobiles peuvent, à l'heure actuelle, arriver à Gimel.

Le nombre des touristes s'accroît chaque année dans de larges proportions, c'est par mille qu'on les compte déjà.

*
* *

Certains aspects farouches du pays frappèrent, de tout temps, les esprits : « C'est un lieu terrible et pierreux, malaisément productif et assez mal peuplé », disait, au Moyen Age, Jacques de Monceaux, seigneur de Bar.

A cette époque Gimel était le repaire de châtelains pillards et redoutés, passant leur vie à guerroyer. Maintes fois ses deux châteaux forts furent pris d'assaut. Un champ, le *champ des morts*, conserve, par cette désignation, le vague souvenir de quelque bataille meurtrière dejadis.

Des deux châteaux fortifiés un seul montre ses ruines, l'autre a complètement disparu. Ses linteaux, ses fenêtres à meneaux, ses portes cintrées, ses cheminées de granit aux grossières moulures se retrouvent, encastrés çà et là dans les murs des chaumières. Sans attendre que l'œuvre du temps s'accomplisse, l'homme, passant éphémère, se hâte de détruire. S'il édifie, c'est le plus souvent sur les ruines; dans mes voyages j'ai retrouvé partout les traces

Dans la gorge.

de ses luttes, de ses passions, de ses haines.

Le vieux château, aux murs branlants, dont le donjon domine le village, est peuplé de légendes.

Comme partout il y a celle de la Dame Blanche, châtelaine qu'on vit errer autour du donjon jusqu'en ces dernières années. Toutes les nuits son ombre plaintive apparaissait, et les paysans, l'apercevant de loin à travers les vitres de leurs demeures, se signaient par trois fois et égrenaient le rosaire...

Son teint avait les pâleurs de l'ivoire et son corps était d'une telle transparence qu'on voyait couler dans sa gorge le vin rouge qu'elle buvait. On l'accuse de s'être nourrie de la chair de petits enfants, c'était son mets de prédilection. Long-temps la menace de la Dame Blanche suffisait pour mettre à la raison les petits garnements.

Le vieux château eut une page d'histoire. Les Ligueurs, après s'en être emparés, entassèrent dans ses murs le butin qu'ils avaient fait dans la région; c'est là qu'ils fondirent en canons les cloches des églises voisines. Il ne reste plus qu'un obscur souvenir de ces luttes passées : les antiques blasons ciselés ont roulé jusqu'au fond de l'abîme où grondent les cascades, quelques peintures à demi effacées, au-dessus des tombeaux de Saint-Étienne-de-Braguse, rappellent les blasons des anciens seigneurs.

De l'archiprêtré de Gimel, si important autrefois, que reste-t-il maintenant? Une porte armoriée ornant le presbytère et arrachée aux débris du vieux château.

*
* *

Légende de saint Dumine. — Le Loup-garou, le Drac.

Les seigneurs de Gimel alignaient leurs tombeaux à Saint-Étienne-de-Braguse, autour de la

La « Redole ».

chapelle sainte édifiée autrefois par la piété de saint Dumire qui vivait, nous l'avons dit, dans une grotte voisine. La légende raconte que ce saint, appartenant à une famille opulente, avait embrassé le métier des armes.

A la mort de son père, il avait quitté le service du roi pour se retirer auprès de sa vieille mère qu'il ne voulait pas laisser dans l'isolement. C'était au temps où, sur les bords de la Vienne, une biche d'une merveilleuse grandeur sortit tout à coup d'un bois et indiqua au roi Clovis un gué qu'il cherchait en vain ; c'était aussi le temps où, pour éclairer une marche nocturne du même roi, un globe de feu s'alluma miraculeusement au sommet de l'église de Saint-Hilaire de Poitiers.

Les circonstances étant devenues critiques, Dumine avait dû reprendre son épée et rejoindre l'armée de Clovis dans la plaine de Vouillé où le roi des Wisigoths trouva la défaite et la mort.

Le guerrier, son devoir accompli, s'empressa de revenir auprès de sa mère, mais l'ennemi s'en était saisie et l'avait emportée. Après bien des recherches, Dumine la retrouva, mais morte et les mamelles coupées. Alors, dans son désespoir, que sa piété même ne pouvait calmer, il prit le cilice et voyagea. On sait qu'il se rendit à Rome et qu'il visita ensuite Jérusalem, mais on ne peut expliquer comment il fut retrouvé un jour errant dans les solitudes de Gimel, dans cet *Inferno* où il avait choisi, pour y vivre, l'étroite grotte du rocher de Braguse.

A la cime du promontoire il érigea un modeste oratoire qui, au XVIe siècle, abrita sa sépulture. Cet oratoire, rebâti, devint une église paroissiale.

Les femmes n'y eurent point accès, raconte Bonaventure de Saint-Amable dans les *Annales du Limousin*. D'ailleurs, leur rôle à Braguse fut toujours néfaste, si l'on en croit les vieilles légendes. D'après elles, une des cloches du campanile s'étant un jour détachée, avait roulé jusqu'au gouffre béant au bas de la falaise. A grand'peine on était parvenu à la retirer et on avait presque atteint la chapelle en la hissant, lorsque des femmes, voulant aider les travailleurs, se mirent aussi à tirer sur les câbles. Mais, dans un accès de rire, elles lâchèrent prise tout à coup, et la cloche, de nouveau, roula dans le gouffre, où elle disparut à tout jamais.

Maintenant, la chapelle solitaire ne protège plus les tombeaux qui l'entourent. Le campanile ouvre deux orbites vides sur des sépultures abandonnées. Çà et là, parmi les ronces agressives et les orties, gisent les dalles funéraires rongées par le lichen. De grandes croix héraldiques rappellent seules les nobles funérailles d'antan.

L'écusson rouge des Lentilhac ensanglante encore les murs de la chapelle. C'est l'écusson des ruines :

on le retrouve dans les restes d'une salle du vieux château de Gimel et dans une chapelle de l'église du bourg. Écusson rouge, ardente image, fleur d'amour ou fleur de haine, éclose peut-être dans le charnier fumant des batailles et dont les longs jours écoulés n'ont pu flétrir la funèbre splendeur.

Sous la Terreur, les sépultures du promontoire furent profanées. Arrachés de leurs tombeaux, les ossements de ceux qui reposaient depuis des siècles sous le campanile solitaire blanchirent sous le vent, le soleil et les averses.

Braguse, depuis lors, inspira l'effroi aux descendants des profanateurs. Le soir, ils ne s'y aventurent guère, redoutant les fantômes vengeurs qui le peuplent. Car ils ont entendu des plaintes étouffées s'élever du torrent, ils ont vu des prunelles vitreuses darder dans les obscures profondeurs...

Les pêcheurs et les pâtres savent que, dès le crépuscule et jusqu'au petit jour, le vent soupire et chuchote les prières des agonisants, que l'eau sanglote à travers les pierres...

Il y a peu d'années encore, la superstition hantait les esprits dans la contrée. Tout un monde imaginaire et terrible s'agitait, dès la nuit venue, pour ces montagnards.

J'ai passé de longues soirées autrefois à écouter

leurs récits effrayants ou merveilleux. Il fallait bien se garder de mettre en doute leur authenticité, car les contéurs avaient vu et entendu eux-mêmes les étranges choses dont ils me faisaient part.

Ils prétendaient que des individus, affublés d'une peau de bête, couraient des nuits entières à quatre pattes. Ils allaient avec la plus grande vitesse, étant obligés — car c'était une pénitence qui leur était imposée pour la rémission de leurs péchés — de passer, chaque nuit, sur le territoire de neuf communes différentes. C'étaient les *Bérous*, ou *Loups-garous*. On allait jusqu'à dire que les prêtres annonçaient en chaire leur passage en recommandant à leurs ouailles de bien se garder de leur faire du mal.

Ces coureurs nocturnes, auxquels la toison dont ils se revêtaient donnait l'apparence de bêtes sauvages, dévoraient tous les chiens qui se trouvaient sur leur passage. Jamais, dit-on, ils ne ressentaient de fatigue, et leurs mâchoires acquéraient, à ces heures, une telle vigueur, qu'ils broyaient entre leurs dents les os de leurs victimes. Combien m'ont dit avoir entendu de leurs oreilles les sinistres craquements des os broyés par le Loup-garou !

Lorsque les chiens se prenaient à hurler lamentablement dans les ténèbres, c'était signe que l'étrange bête passait aux environs. Les paysans effrayés se blottissaient alors tout tremblants sous les couvertures.

D'autres, lorsque minuit tintait au clocher, avaient vu déboucher dans un chemin creux un homme de haute taille portant une croix. Il précédait quatre porteurs courbés sous le poids d'un cercueil.

Tous, à l'entrée de chaque hiver, ont ouï passer dans les airs la chasse volante, la fantastique chevauchée du roi Arthur.

L'un d'eux avait distingué même les funèbres acteurs de la chasse aérienne.

Il revenait d'un hameau voisin, c'était le soir, lorsqu'un roulement lointain, semblable à celui d'un orage grandissant, le cloua sur place. Et aussitôt l'ouragan passa au-dessus de sa tête. Au fracas du tonnerre, aux sifflements du vent se mêlaient des abois furieux, des claquements de fouet, des hurlements, des appels, des cris de chasseurs en détresse. Une meute infernale, qu'il entrevoyait dans les nuées, emportée par le « vent noir », vertigineusement courait...

Ces clameurs dans les airs, qu'un superstitieux effroi exagère, se font entendre tous les ans au passage des grues et des oies sauvages.

Aujourd'hui les âmes ne sont plus aussi troublées par ces visions nocturnes, personne ne trouve, dans les carrefours, le passage barré par une bière. Autrefois c'était fréquent. Le respect de la mort, la crainte de profaner un cadavre, empêchaient de l'enjamber pour poursuivre la route. Certains pourtant la déplacèrent, mais toujours la funèbre barrière se remettait devant eux. Et si le voyageur, en sa frayeur, revenait sur ses pas, le cercueil, comme par enchantement, se replaçait devant lui. On dit que les nuits les plus sombres s'éclairaient durant ces fatales rencontres.

Le seul moyen, pour rompre le sortilège, consistait à soulever le cercueil dans ses bras, de franchir ainsi la place qu'il occupait, de se retourner et de le remettre exactement comme il était. Quelques-uns, aidés du hasard, y réussirent. La plupart, après une nuit d'angoisse, succombèrent au petit jour, emprisonnés par la funèbre apparition.

Les nuits d'ailleurs étaient pleines de maléfices. Le *Drac*, ou dragon, s'y montrait aussi sous forme d'un sombre animal rappelant vaguement le bélier. Il rôdait obstinément autour du voyageur qu'il harcelait par ses bêlements. Si on voulait le saisir il s'écartait pour se rapprocher aussitôt.

Certains, lassés d'être escortés de la sorte, voulurent saisir la mystérieuse bête, et jusqu'à l'aube ils coururent, haletants, après elle. Ce fut en vain. La vision s'évanouissait aux premières lueurs.

Pourtant il en est qui l'atteignirent et la char-

La « Gouttatière » ou « Queue de cheval ».

gèrent sur leurs épaules pour l'emporter. Mais la bête aplatie sur leur dos les étreignit à les étouffer tandis qu'une force inconnue les obligeait à marcher sans trêve, et à mesure qu'ils allaient, le fardeau devenait plus pesant. On les trouvait le lendemain dans quelque taillis, n'ayant pas conscience du moment où ils avaient été délivrés.

Non content de persécuter les voyageurs, le Drac s'attaquait aussi aux animaux. Parfois, dans les écuries, les chevaux, les ânes ou les mulets, attachés au râtelier, manifestaient une grande agitation. On les entendait hennir, frapper le sol de leurs sabots. Et c'était comme une course désordonnée du Drac qui montait, descendait, grimpait au long des murs, sautait d'une bête à l'autre.

Si on pénétrait dans l'étable on trouvait les montures frémissantes et baignées de sueur. Leurs crinières étaient tressées, et à tel point emmêlées, qu'il fallait les couper. Mais du Dragon, aucune trace. Il avait disparu.

Un autre animal fatidique, le Petit Chien Blanc, apparaissait dans les carrefours à l'aube ou au crépuscule, jamais à d'autres heures. Il se contentait de suivre silencieusement les passants, et se cachait de temps à autre pour furtivement réapparaître.

Les bruits funèbres, les chasses fantastiques, les animaux rôdant le soir, les cercueils dans les

chemins, et combien d'autres visions encore, ne
cessaient de troubler autrefois l'esprit des habi-
tants de la contrée.

*Le trésor de Braguse. — Soirs d'automne au pro-
montoire abandonné. — Les nymphes des fontaines. — La poésie de l'eau.*

La chapelle déserte de Braguse, que les âmes
inquiètes ont peuplée de visions, fut en grande
vénération dans tout le Limousin, car elle abritait
les reliques que le pieux guerrier avait rapportées
d'Orient. Deux reliquaires ont échappé à la cupi-
dité des époques mauvaises. Ils appartiennent
aujourd'hui à la fabrique paroissiale de Gimel et
sont conservés au presbytère où on peut les voir.

La châsse, du xiiie siècle, œuvre de Limoges, est
une véritable merveille. Ses émaux brillent d'un
vif éclat et les sujets qui ornent ses faces, repré-
sentant le martyre de saint Étienne, montrent une
rare entente de la composition. Le buste reliquaire
de saint Dumine, provenant également du pieux
trésor de la chapelle, est en argent repoussé, doré
aux cheveux et à la barbe. Il renfermait le crâne
du saint.

L'abandon est venu pour le promontoire vénéré;
il atteint les choses comme il atteint les êtres.
Dans la chapelle profanée, dont les pierres une à

une roulent dans le torrent, les pèlerins ne pénètrent plus aujourd'hui. La ronce haineuse rampe sur le seuil de la vieille porte romane comme pour en interdire l'accès; et les lamentations du vent ont remplacé les harmonies liturgiques.

Chef reliquaire de saint Dumine.

Devant l'état actuel, si précaire, on évoque le passé, et de tristes réflexions sur les destinées nous assaillent, car la ruine la plus modeste parle le même langage décevant que les restes des plus magnifiques monuments de l'antiquité.

Mais la nature fleurit toujours pour nous comme

une espérance, même sur les tombeaux, et dans le tragique abîme de l'Inferno, que d'heures délicieuses j'ai vécues !

J'aimais m'y recueillir aux premières heures du jour. Les soirs ont des langueurs maladives, ils agonisent et se meurent ; les premières clartés du jour naissant sont, au contraire, idéalement pures.

« Les feuilles tombent des grands hêtres, m'écrivait un ami disparu, hélas! qui habitait un manoir du voisinage. Ce soir elles bruissent étrangement sous mes pas... Elles se plaignent, on dirait. Ne seraient-elles point tout à fait mortes? Le soleil est couché, l'ombre est venue et, dans ce bois où le vent chuchote, il me semble entendre la symphonie.... La *Symphonie fantastique* du grand Berlioz...

« Vous qui, si souvent, allez solitaire dans les pentes de Gimel, vous avez sûrement écouté ces murmures qui sont le langage de choses que beaucoup croient inanimées.

« Au printemps, lorsque les bourgeons s'éveillent de leur sommeil hivernal, les haleines des brises nous apportent un écho de caresses des jeunes ramures. En été, c'est la plénitude du bonheur, les chants d'allégresse d'amours épanouies. Mais en automne, le soir, on entend, comme aux soirs de la vie, les plaintes résignées ou les imprécations des choses qui grelottent et vont mourir... »

Moi, ce jour-là, errant dans la gorge de l'*Inferno*, je voyais un rayon filtrer entre deux cimes et venir franger de rose l'écume d'une cascatelle ; puis un merle sautillait un instant dans la mousse, sifflait et s'enfuyait.

En ma rêverie j'évoquais la nymphe qui s'entretenait avec Numa Pompilius dans la grotte sacrée où l'eau de la cascade « à la robe ourlée d'écume, au voile flottant de vapeurs irisées », prenait pour lui l'apparence d'une jeune femme. La nymphe Égérie avait une voix de cristal, musicale et divine, qu'accompagnaient les vagues murmures de la forêt.

La Châsse émaillée.

Vers l'automne, les mugissements des cascades, les rumeurs du torrent retentissent et se prolongent davantage à travers les arbres dépouillés.

Le paysage prend un aspect plus farouche, les falaises livides plongent dans l'Inferno retentissant du fracas des eaux. Les châtaigniers descendent au long des pentes, graves sous leur diadème de feuilles d'or. Tout le grand peuple végétal s'en va vers l'apparente mort vêtu avec magnificence : le merisier agite sa crinière cramoisie, le chêne tord ses branches noueuses d'athlète, se drape d'un beau vert profond, et sa tête est dorée et pailletée de rouge. Le bouleau délicat, élégant, que les Allemands désignent sous le nom poétique de : « demoiselle des bois » et les limousins de : « pied blanc », se penche tout tremblant et comme ému. Au moindre souffle ses feuilles menues, légères, en forme de cœur, palpitent et se détachent par nuées. Pauvres petits cœurs flétris qu'on piétine dans les sentiers : image des jeunes cœurs qui si vite s'effeuillent et partout se flétrissent...

Souvent, après une journée d'automne baignée de pâle lumière, durant laquelle les frondaisons somptueuses ont étincelé, des vapeurs livides rampent et envahissent l'espace. Alors le soleil tombe à l'horizon avec un front nouveau, rouge, froid, sans rayons. Bloc étrange, injecté de sang... Et la nuit s'étend, crêpe endeuillé. O doux printemps, on ne vous verra donc plus renaître !...

Saint-Étienne de Braguse.

Saint-Priest. — Le Saut-Tayaud. — L'étang de Ruffaud. — Souvenirs d'un poète. — Étangs et bruyères.

Nous avons dit que Gimel n'offrait pas seulement des cascades et des gorges et qu'il avait aussi des étangs d'une grande beauté. Ils sommeillent en amont du village dans une partie qui, naturellement, n'a pas l'aspect bouleversé de la gorge de l'Inferno. C'est une série de mamelons et de plateaux tantôt arides et couverts de bruyères, tantôt ombragés de forêts. Le cours de la Montane n'est plus tumultueux, il est assez paisible, sauf dans l'étroit défilé du *Saut-Tayaud*, où se retrouve l'aspect sauvage qui caractérise le pays de Gimel.

Les étangs sont enclavés dans les terres de Saint-Priest appartenant à Mme la comtesse de Valon, dont le château occupe, sur une hauteur, une situation admirable.

De Gimel on peut se rendre à Saint-Priest par deux voies différentes. A pied, on descendra la petite rue du presbytère, on traversera le torrent pour prendre ensuite un chemin « montant, étroit et raboteux », qui, sur les flancs des collines, suit la rive gauche. En un petit quart d'heure (le sentier ombragé est ravissant), on aura atteint le parc du château.

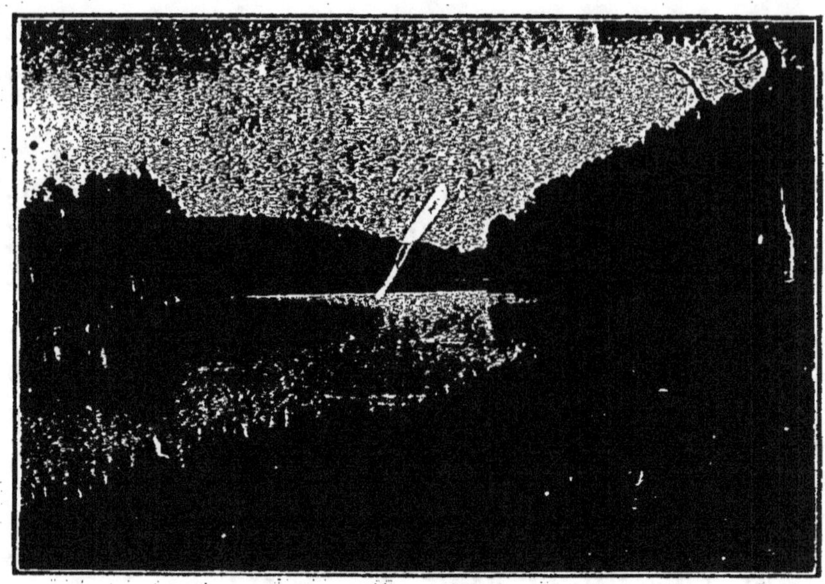

L'étang de Ruffaud.

De ce point culminant on voit se dérouler de magnifiques horizons de montagnes, des massifs de châtaigniers proches ou lointains. C'est le paysage classique aux larges lignes, simple et sévère dans sa grandeur.

A travers les vieux chênes aux troncs robustes, aux branches noueuses qui entourent le château, s'ouvrent des perspectives idéales sur l'étang de Ruffaud qui miroite dans une dépression, reflétant la forêt de pins qui l'enserre. D'autres échappées font entrevoir des pâturages où paissent des génisses, des bois, la romantique chapelle de Saint-Priest vêtue de lierre.

Pour se rendre au château en voiture, il faut reprendre la route de Tulle jusqu'aux approches du village de Mars où une amorce projetée permettra bientôt de gagner, en quelques minutes, le hameau de Touzac, évitant ainsi le grand détour de la route par la station du chemin de fer. De Touzac on arrivera promptement à l'étang de Ruffaud que l'on pourra contempler à l'aise en suivant la route qui en longe le bord.

Sur la gauche, un petit monument, surmonté d'une croix blanche, émerge de l'eau. C'est là que fut retrouvé le corps inanimé du charmant poète Alexis de Valon, victime d'un accident dans une partie de canot.

C'était le poète des étoiles :

> ...Pourquoi dans la nuit sereine,
> Les étoiles du firmament
> Ont ces lueurs incertaines
> Qui nous attirent tristement?
> ...C'est qu'elles marquent le passage
> De ceux que nous avons perdus,
> C'est que chaque étoile est l'image
> D'un pauvre cœur qui ne bat plus.

Quelle mélancolie résignée dans ces vers! Ne dirait-on pas que le doux poète avait pressenti sa fin et qu'il voyait les étoiles se mirer éternellement dans le froid linceul qui l'enveloppa un jour.

L'étang Laborie est loin d'offrir l'ampleur de l'étang de Ruffaud, mais combien il est charmant dans son sommeil solitaire, sous les chênes, au milieu des nénufars! C'est un rêve de paix, la caresse des eaux alanguies que seules les libellules frôlent de temps à autre de leurs transparentes ailes.

L'étang de Caux est plus sévère avec ses bords rocheux et ses landes de bruyères où frissonnent au vent les chevelures des bouleaux pleureurs. Comme l'étang de Brach, il est aussi moins accessible aux touristes pressés, étant plus éloigné de Gimel. De même que l'étang de Ruffaud il garde le souvenir d'un drame. Ainsi les sourires des choses ont partout leurs larmes : *sunt lacrymæ rerum.*

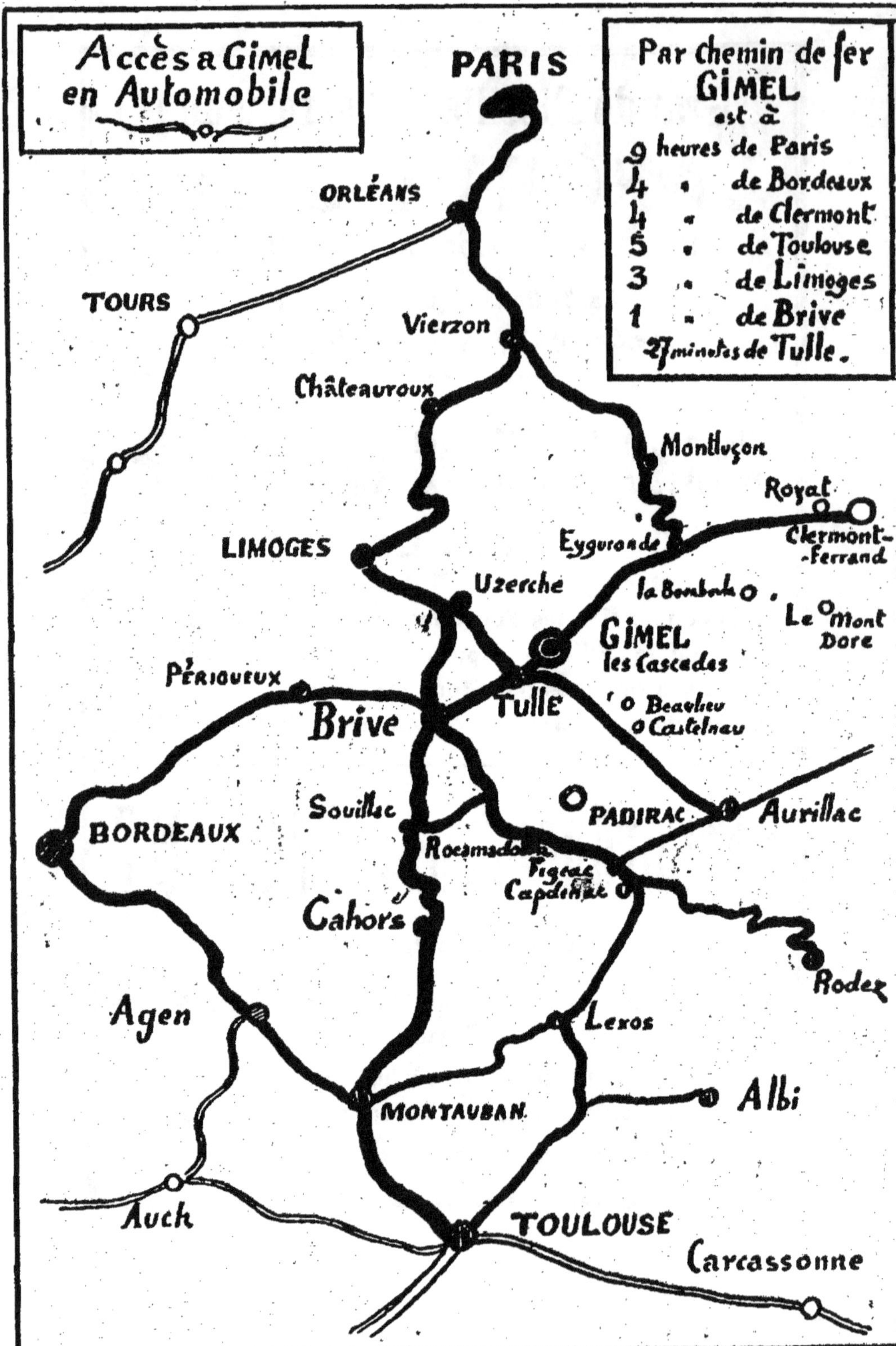

Accès a Gimel en Automobile
Par chemin de fer
GIMEL est à
9 heures de Paris
4 " de Bordeaux
4 " de Clermont
5 " de Toulouse
3 " de Limoges
1 " de Brive
27 minutes de Tulle.
PARIS
ORLÉANS
TOURS
Vierzon
Châteauroux
Montluçon
Royat
Eyguronde
Clermont-Ferrand
LIMOGES
Uzerche
la Bombah
Le Mont Dore
GIMEL les Cascades
PÉRIGUEUX
Tulle
Beaulieu
Castelnau
Brive
PADIRAC
Aurillac
Souillac
BORDEAUX
Rocamadour
Figeac
Capdenac
Cahors
Rodez
Agen
Lexos
Albi
MONTAUBAN
Auch
TOULOUSE
Carcassonne

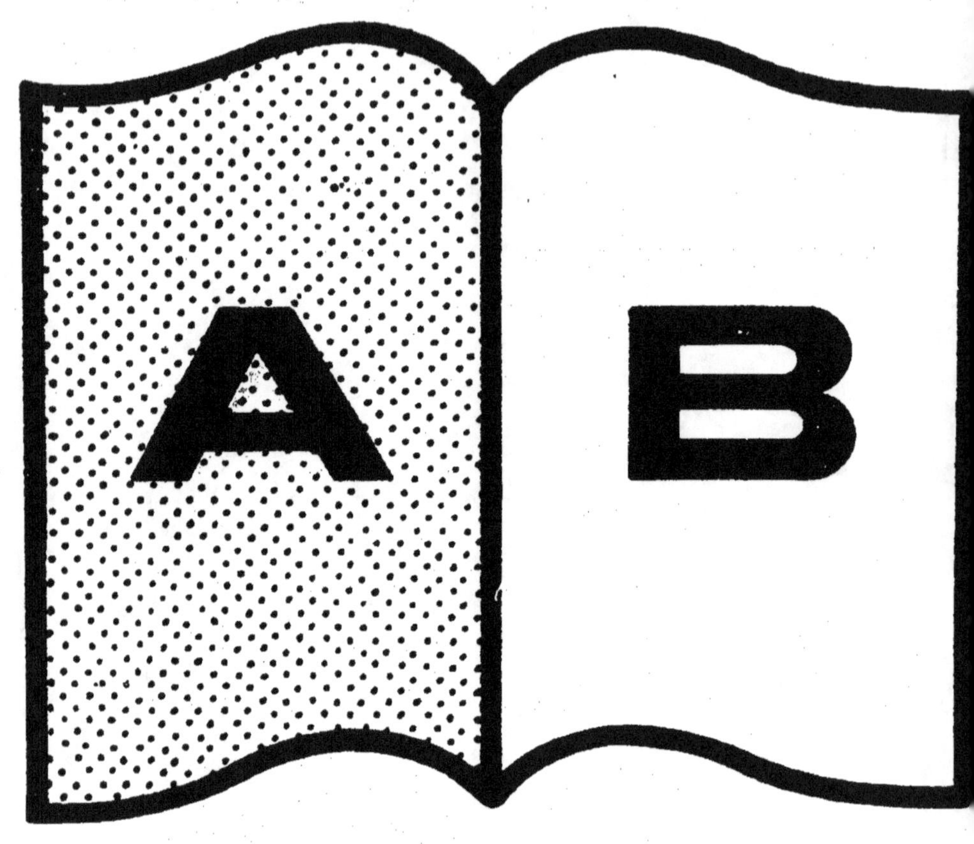

Contraste insuffisant

NF Z 43-120-14

www.ingramcontent.com/pod-product-compliance
Lightning Source LLC
Chambersburg PA
CBHW061319060726
47596CB00003B/976